河南省工程建设标准

河南省成品住宅设计标准

Design Code for Finished Housing of
Henan Province

DBJ41/T 163—2016

主编单位:河南省土木建筑学会成品住房研究中心
　　　　　机械工业第六设计研究院有限公司
参编单位:河南省装修装饰行业管理办公室
　　　　　河南省建设工程质量监督总站
批准单位:河南省住房和城乡建设厅
施行日期:2017 年 3 月 1 日

黄河水利出版社

2016　郑州

图书在版编目(CIP)数据

河南省成品住宅设计标准/河南省土木建筑学会成品
住房研究中心,机械工业第六设计研究院有限公司主编.
郑州:黄河水利出版社,2016.12
ISBN 978 - 7 - 5509 - 1666 - 1

Ⅰ.①河… Ⅱ.①河… ②机… Ⅲ.①住宅 - 建筑设
计 - 设计规范 - 河南 Ⅳ.①TU241 - 65

中国版本图书馆 CIP 数据核字(2016)第 306715 号

出 版 社:黄河水利出版社
　　　　地址:河南省郑州市顺河路黄委会综合楼 14 层　邮政编码:450003
发行单位:黄河水利出版社
　　　　发行部电话:0371 - 66026940、66020550、66028024、66022620(传真)
　　　　E-mail:hhslcbs@126.com
承印单位:河南新华印刷集团有限公司
开本:850 mm×1 168 mm　1/32
印张:2
字数:50 千字　　　　　　　　印数:1—1 000
版次:2016 年 12 月第 1 版　　印次:2016 年 12 月第 1 次印刷

定价:38.00 元

河南省住房和城乡建设厅文件

豫建设标〔2017〕3 号

河南省住房和城乡建设厅关于发布河南省工程建设标准《河南省成品住宅设计标准》的通知

各省辖市、省直管县(市)住房和城乡建设局(委),郑州航空港经济综合实验区市政建设环保局,各有关单位:

由河南省土木建筑学会成品住房研究中心、机械工业第六设计研究院有限公司主编的《河南省成品住宅设计标准》已通过评审,现批准为我省工程建设地方标准,编号为 DBJ41/T 163—2016,自 2017 年 3 月 1 日起在我省施行。

此标准由河南省住房和城乡建设厅负责管理,技术解释由河南省土木建筑学会成品住房研究中心、机械工业第六设计研究院有限公司负责。

河南省住房和城乡建设厅

2017 年 1 月 9 日

前　言

为加强对我省成品住宅工程的管理,提高成品住宅工程质量,保障消费者权益,河南省土木建筑学会成品住房研究中心结合河南省的地方特点,在参考近年来国内成品住宅建设工程方面的实践经验和研究成果、广泛征求意见的基础上,编制本标准。

本标准共分 8 章,主要内容包括:总则,术语,基本规定,套内空间,共用部分,室内环境,建筑设备,绿色建筑、装配式住宅及BIM 技术。

本标准由河南省住房和城乡建设厅负责管理,由河南省土木建筑学会成品住房研究中心负责具体技术内容的解释。在执行过程中,请各单位注意总结经验,积累资料,并及时把意见和建议反馈河南省土木建筑学会成品住房研究中心(地址:郑东新区商务内环 29 号新蒲大厦 712 室,邮编:450000),以便今后修订时参考。

主编单位:河南省土木建筑学会成品住房研究中心

　　　　　机械工业第六设计研究院有限公司

参编单位:河南省装修装饰行业管理办公室

　　　　　河南省建设工程质量监督总站

　　　　　河南新家园建材家居有限公司

　　　　　广东东鹏家居有限公司

　　　　　河南诚品科技有限公司

编制人员:肖艳辉　毛卫东　张　弘　牛　飚　陈贵平

　　　　　郝树华　郭士干　王明磊　曾繁娜　郑丹枫

　　　　　郝志江　宣向军　齐光辉　牛秋蔓　肖广成

胡辉霞　仇月冬　武朝杰　贾志强　林　扬
谷付清　李　超　王永军　陈　泰　金　山
许远超　古　虹　查天宇　康　乐　吕林林
郭东升　刘　涛　司政凯　杨广军　刘　力
李　博

审查人员:鲁性旭　王新泉　杨家骥　樊则森　徐盛发
高洪澜　杨　磊　王　斌　刘　忠　吴承均

目　　次

1 总　则

1.0.1 为提高河南省新建住宅的工程质量,推进住宅产业现代化,规范成品住宅的一体化设计,结合河南省实际情况,制定本标准。

1.0.2 本标准适用于新建成品住宅的工程设计。改建、扩建住宅可参照执行。

1.0.3 成品住宅的设计应符合适用、经济、绿色、美观的原则,满足健康、安全的要求,体现绿色、低碳及环保的可持续发展理念,提升住宅的综合品质。

1.0.4 成品住宅设计除应符合本标准规定外,尚应符合国家和河南省现行有关规范、标准的规定。

2 术 语

2.0.1 一体化设计 integrated design

建筑设计与室内装修设计同时设计、统一出图,建筑和室内装修专业协调结构、给排水、暖通、燃气、电气、智能化等各个专业,细化建筑物的使用功能,完成从建筑整体到建筑局部(室内)的设计。

2.0.2 成品住宅 finished housing

按照一体化设计实施,完成套内所有功能空间的固定面铺装或涂饰、管线及终端安装、门窗、厨房和卫生间等基本设施配备,已具备使用功能的新建住宅。

2.0.3 住宅部品 housing components

按照一定的边界条件和配套技术,由两个或两个以上的住宅单一产品或复合产品在现场组装而成,构成住宅某一部位中的一个功能单元,能满足该部位一项或者几项功能要求的产品。包括屋顶、墙体、楼板、门窗、隔墙、卫生间、厨房、阳台、楼梯、储柜等部品类别。

2.0.4 套内前厅 entry foyer

进入套内的过渡空间。

3 基本规定

3.1 一般规定

3.1.1 成品住宅应实施一体化设计,建筑设计与装修设计应在设计的各个阶段协同进行。设计文件必须满足一体化审查要求。

3.1.2 一体化设计应满足下列要求:

1 符合居住区规划的要求,满足住宅的日照、天然采光、自然通风和隔声等要求,使建筑与周围环境相协调。

2 细化使用功能及尺寸、提升空间品质及环境质量、美化室内环境。

3 完成室内空间的楼面或地面、墙面、顶棚、内门、内窗、门窗套、固定隔断、固定家具及套内楼梯等的装修。

4 完成室内空间中给水排水、暖通、燃气、电气及智能化等专业设计的布线;完成开关、插座、固定灯具及厨卫设施等定型、定位、定尺寸设计。

5 应保证设备管线系统功能有效、运行安全、维修方便等基本要求,并应为相关设备预留合理的安装位置。

6 满足管线、设备设施的安装、检修所需的空间要求,并为发展改造预留空间及条件。

7 套内空间和设施应满足安全、舒适、卫生等生活起居的基本要求。

8 符合相关防火规范的规定,并满足安全疏散的要求。

9 无障碍成品住宅应满足《无障碍设计规范》GB 50763 相关设计要求。

3.1.3 成品住宅以市场为导向确定装修标准,可采取统一标准装修、菜单式装修或互动式装修等模式,满足居住者多样化需求。

3.1.4 结构设计应满足安全、适用和耐久的要求。当成品住宅同一套型采用多种装修模式时,结构专业宜采用相同的结构布置形式和截面大小,对每一种装修模式进行结构复核,确保结构安全。

3.2 一体化设计

3.2.1 成品住宅应委托具有相应资质的设计单位进行一体化设计。

3.2.2 成品住宅施工图在项目设计审查前应同步完成建筑、装修、建筑设备等各专业设计。设计深度应符合国家现行建设工程有关设计文件深度规定。

3.2.3 一体化设计应根据使用功能,运用建筑美学原理,满足居住者心理需求和对生活品味的追求,按科学合理的设计流程进行,保证设计质量。

3.2.4 一体化的施工图设计应依据确定的建筑方案和套型装修方案进行。当同一套型有两个及以上的装修方案时,应针对每个方案分别进行施工图设计。

4 套内空间

4.1 一般规定

4.1.1 成品住宅应按套型设计,套内应设卧室、起居室(厅)、厨房和卫生间等基本功能空间,宜独立设置餐厅。无独立餐厅的套型应按功能分区的原则,在起居室(厅)或较大面积厨房设置就餐区,并合理组织空间。

4.1.2 套内各空间界面选用的材料的规格、质地和色彩应根据使用功能、心理和生理需求确定,达到统一协调的效果。色调宜为中性色或暖色。

4.1.3 应根据功能需求合理设置收纳空间,并结合建筑墙体、顶棚等部位进行整体设计,宜采用标准化、装配式设计,内部分隔可根据需求调整。

4.1.4 应根据功能需求,结合家具部品准确确定各类管线及终端的点位,进行管线综合设计,满足安装及使用条件。

4.1.5 低温辐射供暖盘管面层装饰材料应选择导热、散热性能好的材料,不应设置龙骨架空铺装。

4.1.6 设置洗衣机的空间,应综合考虑排水管线和排水口的布置,并采取防水措施。

4.2 起居室(厅)

4.2.1 起居室(厅)、套内前厅、餐厅等空间应根据不同的套型特点合理布置,有条件时可拓展为健身、学习、家庭影院、品茶等功能空间。

4.2.2 户门入口处宜设置套内前厅,合理设置收纳柜。收纳柜应考虑换、坐、放、梳妆等人性化行为习惯,宜与开关面板、强弱电箱等整体设计。

4.2.3 套内前厅通道净宽不宜小于1.20 m。

4.2.4 起居室(厅)空间应保持完整性,尽可能减少直接开向起居室的门;布置家具的墙面直线长度不宜小于3.00 m。顶棚不宜采用大面积吊顶。吊顶局部净高不应低于2.10 m,且其面积不应大于室内使用面积的1/3。坡屋顶的卧室、起居室(厅),其1/2面积的室内净高不应低于2.10 m。

4.2.5 起居室(厅)的照明应结合不同的场景功能,合理设计灯光位置、照度及色温,避免产生眩光。套内前厅部位宜设置人体感应智能灯。

4.2.6 起居室(厅)宜选择易清洁的环保材料。地面材料应防滑、耐磨;吊顶材料宜防潮、防火。

4.2.7 起居室(厅)空调送风口不宜正对人员长时间停留的位置。

4.2.8 起居室(厅)设计应按方便使用的原则,对可视对讲分机、开关面板、电源插座及电视、电话、网络插孔等进行定位。

4.2.9 当起居室(厅)紧邻电梯布置时,电梯井道墙体应做隔声处理。

4.3 卧 室

4.3.1 卧室设计应考虑收纳空间、基本家具、设备设施的位置及尺寸,满足通行和使用的要求,主通道净宽不小于0.60 m。

4.3.2 主卧室放置床屏的墙面直线长度不宜小于3.60 m。

4.3.3 卧室空调应采用合理的气流组织,使就寝区处于回流区内。

4.3.4 卧室宜采用照明双控开关,并分别设置于卧室入口和床头。灯光控制宜根据家具和部品位置采用场景设计模式。吊装灯具不应安装在床的正上方。卧室宜设置夜灯。

4.3.5 地面宜采用柔性材料；墙面宜采用易清洁、吸声的材料；顶棚不宜采用大面积吊顶。

4.4 厨 房

4.4.1 应按炊事操作流程设计厨房空间。优先采用整体橱柜或装配式部品。

4.4.2 厨房应结合给水排水、供暖通风、燃气、电气等专业管线、设施与橱柜一次设计到位。

4.4.3 厨房宜做吊顶，净高不应低于 2.20 m，并设置检修措施。宜采用装配式部品。

4.4.4 橱柜可采用 L 形和 U 形布置。橱柜及台面尺寸宜根据人机工程符合下列要求：

    1 台面宽宜为 0.55～0.60 m。

    2 橱柜地柜高度宜为 0.75～0.85 m，灶具单元宜局部降低 50～100 mm。

    3 吊柜进深宜为 0.35 m，净高不宜小于 0.50 m；吊柜高度距离地柜台面不宜低于 0.60 m。

4.4.5 灶具单元不应正对窗户开启扇设置，且宜靠近排气道，上方应合理考虑油烟机的安装固定。油烟机与竖向排烟道的接口应安装金属止回阀。

4.4.6 厨房排烟采用的共用排气道，顶部应采取防倒灌措施。

4.4.7 厨房灯光设计宜采用面光照明，应选用防雾、防尘、防水、易清洁型灯具。

4.4.8 厨房应确定灶具、洗涤池、油烟机、热水器、电冰箱、微波炉、电饭煲等基本厨房电器和设备的位置及点位，设置与之对应的水、电、燃气接口。橱柜台面上方应设置不少于 3 个带开关插座，高度宜与开关一致。油烟机插座安装高度宜为 2.10 m。净化水设备、消毒柜、垃圾处理器插座高度宜为 0.50 m。

4.4.9 厨房各界面宜选择耐腐蚀、易清洁的环保材料。地面材料应防滑、耐磨;墙面、吊顶材料应防火、防水。厨房地面标高宜低于厅室地面,门口宜采用斜坡过渡。

4.4.10 橱柜宜选用无毒无害、耐腐蚀、易清洁的材料。人造石台面材质宜防水、防污、抗酸碱。人造石台面前沿宜设置隔水沿。

4.4.11 开放式厨房与其他空间交界处宜设置挡烟设施,其底部距地净距不应小于 2.00 m。

4.5 卫生间

4.5.1 卫生间应根据空间和人机尺度对淋浴器、坐便器、洗面器等卫生设备定位,各专业管线、设备一次设计到位。

4.5.2 卫生间宜采用自然通风、天然采光。无外窗的卫生间应设机械排风设施及排风道。

4.5.3 卫生间卫生器具设计应符合下列要求:

  1 洗面台为台盆时,洗面台面板宽度宜为 0.55 ~ 0.60 m,长度不宜小于 0.90 m,台下盆柜体高度宜为 0.85 m,台上盆柜体高度宜为 0.65 m。

  2 洗面镜宽度宜按 0.50 m 模数设计。

  3 毛巾架距地高度宜为 1.20 m。

  4 坐便器安装空间净宽不宜小于 0.85 m。

  5 淋浴区净宽宜为 0.80 ~ 1.50 m;淋浴混水阀距地高度宜为 1.00 ~ 1.20 m。淋浴区设门时,应采用向外开启的方式或推拉方式。玻璃淋浴隔断应选用钢化玻璃。

  6 设浴缸的卫生间应在浴缸侧面靠近下水口处设检修口。

  7 卫生间宜设置收纳空间。

4.5.4 卫生间宜选用防雾、防水、易清洁型灯具。照明宜根据部品采用不同的场景模式控制。

4.5.5 坐便器和浴缸边应设置紧急呼叫按钮。

4.5.6 卫生间各界面宜选择耐腐蚀、易清洁的环保材料。

    1 地面材质应防滑、耐磨。门口内地面标高应低于厅室 5 mm,并找 1% 坡度坡向地漏。门口宜采用倒角过渡;湿区应设置挡水线或回水槽;设置浴缸的卫生间,浴缸下地面标高应与厅室一致。

    2 卫生间墙面应防水、易清洁。

    3 卫生间吊顶应结合设备检修需要,在适宜的位置设置检修口。卫生间无吊顶时,顶棚应采用防水涂料。

4.5.7 套内共用卫生间宜干湿分离。

4.5.8 整体卫浴间设计,应符合《住宅整体卫浴间》JG/T 183 的相关规定。

4.5.9 卫生间宜设置毛巾架、卫生纸架等部品。

4.6 阳　台

4.6.1 阳台可设置为收纳、洗晾、休闲等辅助生活空间。

4.6.2 阳台地面选用防滑、耐磨、易清洁的材料。开敞阳台地面应低于厅室 15 mm,门口宜采用斜坡过渡。

4.6.3 当阳台设置地漏时,地面应向地漏方向找坡,坡度不应小于 1%。

4.6.4 墙面应选用防水、耐腐蚀、易清洁的材料。

4.6.5 阳台应设灯光照明。未封闭的阳台灯具应采用防尘、防水灯具。

4.6.6 当阳台设有洗衣空间时,应设置给水排水管线、专用地漏及电源;墙面、地面应防水。

4.7 套内楼梯和门窗

4.7.1 套内楼梯宜选用成品楼梯,并符合《住宅内用成品楼梯》JG/T 405 的规定。

4.7.2 套内楼梯应至少一侧设置扶手,临空侧应设置扶手;套内临空栏杆高度不应小于 1.05 m;套内扶手、临空栏杆顶部的设计水平荷载不应小于 1.00 kN/m。

4.7.3 套内楼梯扶手应连续,形状易于抓握。

4.7.4 套内楼梯一边临空时,梯段净宽不小于 0.75 m;两侧有墙时,墙面之间净宽不小于 0.90 m。套内楼梯的踏步宽度不小于 0.25 m,高度为 0.15 ~ 0.175 m,踏步界面采用防滑、易清洁材料。

4.7.5 住宅户门应具备防盗、保温、隔声功能,并应根据其使用部位,选择相应的防火等级。

4.7.6 向外开启的户门不应妨碍公共交通及相邻户门的开启。

4.7.7 套内门应根据相应的高度合理设置合页,门板厚度不宜大于 40 mm。

4.7.8 厨房、卫生间、步入式衣帽间门应保证足够的通风面积。

4.8 辅助空间

4.8.1 辅助空间应根据空间和人机尺度合理布局,包含过道、阳台及收纳空间。

4.8.2 设于底层或靠卫生间的收纳空间应采取防潮措施;壁柜净深宜为 0.50 ~ 0.80 m。

4.8.3 步入式衣帽间宜靠外墙设置并应考虑自然通风、天然采光;无自然通风的衣帽间应设机械排风设施。地面不宜铺设地毯。

5 共用部分

5.1 一般规定

5.1.1 共用部分的地面材料应防滑、易清洁;墙面应采用易清洁的环保材料;吊顶不宜采用玻璃及重型材料。

5.1.2 共用部分的墙面、吊顶的造型应综合考虑设备和管线设计,并应采用便于检修的构造措施。

5.1.3 七层及七层以上住宅的建筑入口、入口平台、候梯厅、公共走道应进行无障碍设计。

5.2 入口门厅、电梯厅

5.2.1 入口门厅、电梯厅吊顶净高不宜低于 2.60 m,局部净高不应小于 2.20 m。

5.2.2 门厅、电梯厅的墙面宜采用墙砖、石材墙面,宜在明显位置设置信息公告栏。

5.2.3 电梯厅装修完成面的净深不应小于最大电梯轿厢的深度,且不应小于 1.50 m。

5.2.4 电梯门套的材料及色彩应与候梯厅整体设计相协调,宜选用石材、人造石材、不锈钢等材料。

5.2.5 信报箱的设计宜考虑快递包裹的递交,选用智能信报箱或包裹柜时,应预留电源接口。

5.3 楼梯间、过厅及走廊

5.3.1 开敞楼梯间、过厅及走廊地面宜采用石材、地砖等材料;封闭楼梯间可采用水泥砂浆地面和踢脚,墙面、顶棚宜采用涂料饰面。

5.3.2 楼梯间墙面内侧设置保温层或其他装饰面层时,不应影响楼梯的疏散宽度。

5.3.3 楼梯踏步应采取防滑措施。

5.3.4 当楼梯间等共用部分临空外窗的窗台距楼面、地面的净高小于0.90 m时,应设置铁艺栏杆、安全玻璃栏板、安全防护窗等防护设施,并使空间效果协调统一。

5.3.5 当使用玻璃栏板时,应采用安全夹胶玻璃,玻璃边缘应钝化处理,防止划伤。

6 室内环境

6.0.1 应采取有效措施改善和提高室内环境的质量。

6.0.2 室内声环境的设计应符合以下要求:

1 宜采用隔声性能良好的墙体和门窗。

2 内墙面宜采用吸声的材料。

3 宜采用减震垫板、软垫层或架空层的地板、地毯等,减少固体传声。

4 应对电梯、设备及管道采取隔声、减震措施。

5 水、暖、燃气等管道穿过楼板和墙体时,孔洞周边应采取密封等隔声措施。

6 各机电设备、器具宜选用低噪声产品。

6.0.3 室内光环境的设计应符合以下要求:

1 充分利用天然光,创造良好光环境,采取合理措施改善室内及地下空间的天然采光效果,同时采取有效措施避免眩光。

2 墙面及顶棚宜采用白色或浅色饰面,有效提高光的利用率。

3 应选用高效节能的光源及安全适用的灯具,合理利用灯光,防止光污染。

6.0.4 室内热环境的设计应符合以下要求:

1 合理设计门窗位置及外窗开启扇位置,有效组织自然通风。

2 合理布置空调室内机、室外机的安装位置,兼顾舒适和美观要求。

3 散热器的选型宜实用、美观,布置应以不影响室内家具布置和功能使用为原则,不宜做遮蔽。

6.0.5 室内空气质量的设计应符合以下要求:

1 应选用节能环保的材料,控制有害物质的含量,保证住宅室内空气污染物的活度和浓度符合国家相关标准。

2 宜采用补充新风的设备,改善室内空气质量。

3 厨房、无外窗卫生间应设置排气装置。

7 建筑设备

7.1 一般规定

7.1.1 机电设备管线的设计应相对集中、布置紧凑、合理使用空间。

7.1.2 设备、仪表及管线较多的部位,应进行详细的综合设计,并应符合下列规定:

　　1 供暖散热器、家居配电箱、家居配线箱、电源插座、有线电视插座、信息网络和电话插座等,应与室内设施和家具综合布置。

　　2 计量仪表和管道的设置位置应有利于厨房灶具或卫生间卫生器具的布置和安装。

7.1.3 下列设施不应设置在住宅套内,应设置在共用空间内:

　　1 公共功能的管道,包括给水总立管、消防立管、雨水立管、供暖(空调)供回水总立管、强弱电干线(管)等,设置在开敞式阳台的雨水立管除外。

　　2 公共的管道阀门、电气设备和用于总体调节和检修的部件,套内排水立管检修口除外。

7.2 给水排水

7.2.1 住宅入户给水管宜在门厅、厨房等合适的位置设置总控制阀门。

7.2.2 不与厨房贴邻的卫生间,不宜采用厨房内的燃气热水器作为生活热水的热源。

7.2.3 太阳能热水系统采用分户集热方式时,室内储水罐宜靠近集热器设置;采用集中集热分户储热方式时,室内储水罐宜靠近用水点设置,并应利于维护、更换。

7.2.4 室内冷、热水管上、下平行敷设时,冷水管应在热水管下方;同时连接有冷、热水的卫生器具,冷水连接管应在热水连接管的右侧。

7.2.5 明装冷、热水给水管宜采取相应的保温、防结露措施。

7.2.6 卫生间同层排水系统宜采用墙体敷设方式。

7.2.7 厨房和卫生间严禁合用排水立管,应分别设置。厨房洗涤池和卫生间坐便器均应靠近排水立管设置。

7.2.8 厨房洗涤池、卫生间洗面器应配置带存水弯的排水件。排水件与排水支管接入点间应密封连接,排水支管禁止重复设置存水弯。

7.2.9 住宅套内应按洗衣机位置设置洗衣机排水专用地漏,其排水应接入生活排水管道。

7.2.10 开敞阳台应设置阳台雨水排水立管和地漏,当设有生活排水设备及地漏时,可不设置阳台雨水排水立管和地漏。单独设置的阳台雨水立管底部应间接排水。

7.2.11 分质供水

1 为保障用水安全、提升生活品质,提倡成品住宅给水设计采用分质供水。

2 分质供水的供水类别有直饮水、自来水、软化水、中水等。

3 分质供水宜统一规划、集中生产、管道输送入户。

4 直饮水和软化水的生产过程中产生的废水不得直接排放,应作为中水或以其他方式加以利用。

7.3 供暖、通风及空调

7.3.1 供暖设计应符合下列规定:

1 供暖系统设计及设备选择应满足分户计量的要求。

2 散热器组的接管方式宜选用底进底出型或同侧上进下出型。

3 低温辐射供暖的分集水器位置应便于调节、检修。当采用集中供暖时,分集水器宜设置在每户出入口附近,在方便维护、维修的前提下宜结合固定家具设置;当采用自供暖时,分集水器宜设置于封闭阳台、厨房等独立空间内。

4 散热器及辐射供暖系统应安装自动温度控制阀。

7.3.2 通风空调设计应符合下列规定:

1 厨房排油烟机应靠近竖向排烟道布置。有吊顶时,排风管与排烟道连接处宜设置在吊顶或吊柜内。

2 厨房、卫生间排风等直接通过外墙排向室外时,各类水平管线、排风口应整体设计并准确定位,并应在室外排风口设置避风、防雨的构件和措施。

3 厨房应设置供厨房房间全面通风的自然通风设施,外墙通风口应采取避风、防雨措施,该通风口设于吊顶之上时,应在吊顶上开设不小于通风口面积的通风通道。

4 卫生间排风机宜安装在吊顶上部,通过管道连接进、排风口。

5 燃气热水器、户式燃气供暖热水炉的排风应采用水平直排至室外的方式,水平排烟管应向室外设置不小于 1% 的坡度。

6 房间空调器应选用节能型。空调室内机的送风气流应满足人体舒适、健康的要求。

7 设置住宅新风系统时,宜根据室外空气品质、气象参数等因素进行新风机选型。

7.4 燃 气

7.4.1 燃气工程的设计应符合国家现行标准《城镇燃气设计规

范》GB 50028 和《城镇燃气技术规范》GB 50494 的有关规定。

7.4.2 住宅内各类用气设备应使用低压燃具,其燃气压力应小于 0.01 MPa,燃具前供气压力的波动范围应在 0.75 ~ 1.5 倍燃具额定压力之内。

7.4.3 燃气表安装在厨房内时,其安装应符合下列规定:

    1 高位安装时,表底距地面不宜小于 1.40 m。

    2 燃气表装在燃气灶上方时,燃气表与燃气灶的水平净距不得小于 0.30 m。

    3 低位安装时,表底距地面或橱柜底面不得小于 0.10 m。

    4 表后与墙面净距不得小于 10 mm。

7.4.4 当燃气表设置在厨房橱柜内时,橱柜应采取被动通风措施。燃气表四周应预留不小于 0.10 m 的安装和检修空间。

7.4.5 燃气支管接口应与燃具靠近布置;采用软管与燃具连接时,其长度不应超过 2.00 m,并不应有接口,橡胶软管不应穿墙、吊顶、地面、窗和门。

7.4.6 燃气水平管设在吊顶、橱柜内时,应满足安全操作、通风良好和检修方便的要求。燃气设施之间的水平管道不应穿越燃气灶上方。

7.4.7 燃气立管应设置在与厨房相邻的阳台或有自然通风的厨房内。当穿过通风不良的吊顶时应设在套管内。当设在便于安装和检修的管道竖井内时,应符合《城镇燃气设计规范》GB 50028 的相关规定。

7.4.8 燃气管道与电气设备、相邻管道之间的最小净距应符合表 7.4.8的规定。

表 7.4.8　燃气管道与电气设备、相邻管道之间的净距

管道和设备		与燃气管道的净距(mm)	
		平行敷设	交叉敷设
电气设备	明装的绝缘电线或电缆	250	100(注)
	安装或管内绝缘电线	50(从所做的槽或管子的边缘算起)	10
	电源插座、电源开关	150(从边缘算起)	不允许
相邻管道		保证燃气管道、相邻管道的安装和维修	20

注:当明装电线加绝缘套管且套管的两端各伸出燃气管道 0.10 m 时,套管与燃气管道的交叉净距可降至 10 mm。

7.4.9　燃具前的燃气支管末端应设专用手动快速切断阀,切断阀处的燃气支管应采用管卡固定在墙上。

7.4.10　燃气灶应选用带有自动熄火保护装置的产品。燃气热水器禁止选用直排式产品。

7.4.11　厨房应安装燃气浓度检测报警器;开放式厨房应设燃气自动切断阀,并在燃气灶使用点半径 1.50 m 距离内设燃气浓度检测报警器。

7.5　电气及智能化

7.5.1　家居配电箱、家居配线箱宜暗装在户内门厅或走廊等隐蔽区域,便于操作、检修。嵌墙安装时,对应的墙体厚度不应小于 0.20 m。

7.5.2　卫生间照明灯具宜采用防潮易清洁的灯具;卫生间的灯具位置不应安装在 0、1 区内及上方。

7.5.3　开关的位置应便于操作,距门框边缘宜为 0.15~0.2 m,不应在门后。卫生间的灯具、浴霸开关宜设于卫生间门外。

7.5.4 电源插座的位置宜与家具、用电器具的布设相适应,电源插座距地面高度在 1.80 m 以下时均应选用安全型插座。接插有家用电器的电源插座宜选用带开关的插座,除确定用途的单相三孔插座外均应选用单相二、三孔双联插座。卫生间应选用防溅水型插座,位置应设置在 2 区以外。

7.5.5 导管敷设在吊顶、隔墙及装饰空间内时,管路应采用专用管卡固定在吊杆、龙骨或建筑物上。

7.5.6 住宅建筑应做总等电位联结,装有淋浴或浴盆的卫生间应做局部等电位联结。局部等电位联结应包括卫生间内金属给水管、金属浴盆、金属洗面盆、金属采暖管、金属散热器、卫生间电源插座的 PE 线以及建筑物钢筋网。

7.5.7 用户通信用 ONU 宜设置在家居配线箱内,家居配线箱内宜预留空间。

7.5.8 电气设计应根据机电点位,合理布置管线及配电回路,满足国家规范及标准要求。

8 绿色建筑、装配式住宅及 BIM 技术

8.1 绿色建筑技术

8.1.1 按绿色建筑标准设计的成品住宅应符合《绿色建筑评价标准》GB/T 50378、《民用建筑绿色设计规范》JGJ/T 229 及《河南省绿色建筑评价标准》DBJ41/T 109 的要求,并应通过绿色建筑的设计审查。

8.1.2 成品住宅设计宜采用天然采光、自然通风、围护结构保温、遮阳等被动式技术。

8.1.3 成品住宅应按相关规定采用保温与结构一体化技术设计。

8.1.4 成品住宅应采用绿色建材,应用可再生能源等绿色技术,选用节能节材的构造做法。严禁选用国家和河南省明令禁止使用的技术(产品)。

8.1.5 成品住宅设计鼓励采用整体化定型设计的厨房、卫浴间。

8.2 装配式住宅技术

8.2.1 鼓励成品住宅采用装配式技术,推进住宅产业化。设计宜采用简约设计风格,重视空间布局和使用功能,最大程度减少资源浪费;应遵循一体化的设计原则,部品的模数应与套型的建筑模数协调一致。

8.2.2 装配式成品住宅设计应执行现行国家标准《建筑模数协调标准》GB/T 50002,厨卫设备与管线的布置应符合《住宅厨房及相关设备基本参数》GB/T 11228 和《住宅卫生间功能及尺寸系列》GB/T 11977 的要求,应在设计阶段定型定位。

8.2.3 部品的设计应满足标准化、模数化、通用化的要求,以提高其互换性和通用性。

8.3 BIM 技术

8.3.1 鼓励在一体化设计、施工中采用 BIM 技术。

8.3.2 BIM 应用软件应选择符合行业特征,满足设计与施工、运维信息传递需求的建模软件。

8.3.3 BIM 模型设计的深度应能完整表达设计信息;模型的信息维度应分为几何和非几何。

8.3.4 BIM 成果交付时,应保证建筑信息模型相关信息的准确性、一致性、完整性和时效性。交付模型成品宜采用电子签名和加密技术进行版本控制管理。

8.3.5 建筑信息模型和构件的形状和尺寸及构件之间的位置关系应准确无误,并可根据设计进度深化及补充。交付模型成品前宜采用仿真验证、设计评审、指标分析和碰撞检查等方式进行质量验证,模型成品应包含版本管理信息。

本标准用词说明

1 为了便于在执行本标准条文时区别对待,对要求严格程度不同的用词说明如下:

(1)表示很严格,非这样做不可的用词:

正面词采用"必须",反面词采用"严禁"。

(2)表示严格,在正常情况下均应这样做的用词:

正面词采用"应",反面词采用"不应"或"不得"。

(3)表示允许稍有选择,在条件许可时首先应这样做的用词:正面词采用"宜",反面词采用"不宜"。

(4)表示有选择,在一定条件下可以这样做的,采用"可"。

2 标准中指定应按其他有关标准、规范执行时,写法为:"应符合……的规定"或"应按……执行"。

引用标准名录

1 《民用建筑设计通则》GB 50352

2 《住宅建筑规范》GB 50368

3 《住宅设计规范》GB 50096

4 《建筑设计防火规范》GB 50016

5 《建筑内部装修设计防火规范》GB 50222

6 《无障碍设计规范》GB 50763

7 《民用建筑隔声设计规范》GB 50118

8 《建筑采光设计标准》GB 50033

9 《民用建筑工程室内环境污染控制规范》GB 50325

10 《建筑给水排水设计规范》GB 50015

11 《建筑照明设计标准》GB 50034

12 《民用建筑供暖通风与空气调节设计规范》GB 50736

13 《绿色建筑评价标准》GB/T 50378

14 《民用建筑绿色设计规范》JGJ/T 229

15 《民用建筑电气设计规范》JGJ 16

16 《住宅室内装饰装修设计规范》JGJ 367

17 《河南省成品住宅装修工程技术规程》DBJ41/T 151

18 《城镇燃气设计规范》GB 50028

19 《城镇燃气技术规范》GB 50494

河南省工程建设标准

河南省成品住宅设计标准

DBJ41/T 163—2016

条 文 说 明

目　　次

1 总 则

1.0.1~1.0.4 阐述制定本标准的目的、适用范围和成品住宅设计的基本原则。本标准适用于新建成品住宅的建筑与装修设计,重点突出了成品住宅一体化设计的要求。条文规定立足于维护公众利益,对可持续、低碳理念等方面提出更高的要求。

3 基本规定

3.1 一般规定

3.1.1 成品住宅一体化设计是实现我省成品住宅的关键措施,完善了住宅设计体系,对我省推广成品住宅具有重要的意义。

目前的建筑、装修两分离的设计与施工模式已不适应社会的发展,例如:

《建设工程质量管理条例》第十五条规定:"涉及建筑主体和承重结构变动的装修工程,建设单位应当在施工前委托原设计单位或者具有相应资质等级的设计单位提出设计方案,没有设计方案的,不得施工。房屋建筑使用者在装修过程中,不得擅自变动房屋建筑主体和承重结构。"

《建筑装饰装修工程质量验收规范》GB 50210 第 3.1.5 条规定:"建筑装饰装修工程设计必须保证建筑物的结构安全和主要使用功能。当涉及主体和承重结构改动或增加荷载时,必须由原结构设计单位或具备相应资质的设计单位核查有关原始资料,对既有建筑结构的安全性进行核验、确认";第 3.3.4 条规定:"建筑装饰装修工程施工中,严禁违反设计文件擅自改动建筑主体、承重结构或主要使用功能;严禁未经设计确认和有关部门批准擅自拆改水、暖、电、燃气、通讯等配套设施。"

涉及结构和主要使用功能变更时,应办理施工图变更审查手续。

目前大多数的装修施工违背了上述规范规定,消费者个人的装修行为不可能去找原设计单位对住宅结构的安全性进行核验、确认,更不可能进行再次图审。尤其是燃气的后期设计往往会造成厨房管线的改造。因此,成品住宅必须进行一体化设计,设计文件必须满足一体化审查要求。

3.1.2~3.1.3 这对设计单位的综合实力提出了更高的要求,目前的经济发展、社会氛围及百姓认知已具备了实行一体化的条件,发展成品住宅是中国住宅产业化的必由之路,通过一体化设计来加快成品住宅建设的进程,达到提升居住综合质量和品质的目的。同时体现了以人为本和建设资源节约型、环境友好型社会的政策要求。

成品住宅装修标准的确定首先应该符合建设主管部门的规定,在此基础上由建设方以市场为导向确定具体的装修标准。

按照《关于加快发展成品住宅的通知》(豫建〔2015〕190 号)规定,在项目现场以交付的装修标准和施工质量建造实体装修样板房。成品住宅样板套施工应在取得预售许可证之前完成,在合同约定的交房日期之后 180 日内不得拆除,以此作为交房标准。鼓励在已完成的结构内做样板套。此样板套不再拆除,可直接出售。样板房应与一体化设计的标准一致。

3.1.4 采用一体化设计后,由于建筑、室内装修、结构专业的互相协调,使得主要结构构件的布置形式得以更加全面、合理的考虑。当同一套型采用多种装修方案时,结构专业可针对每一种装修套餐对柱、墙、梁、板等主要结构构件进行复核和计算,以确保主体结构安全。针对不同的装修套餐,统一考虑设备预留洞、预埋件的布置。

3.2 一体化设计

3.2.1 成品住宅设计应由建设单位委托有相应资质的建筑及装修设计单位同时进行设计。

3.2.4 当成品住宅实施多种装修套餐方案时,一体化的施工图设计应有别于实施标准套餐的成品住宅设计,同一套型的施工图设计应依据不同的装修方案分别进行。具体的设计应能够实现土建施工与装修施工流水作业,并保证装修施工在不改变已完成的土建条件下,完成不同的装修套餐的施工。

4 套内空间

4.1 一般规定

4.1.1 不管是公租房,还是商品房,要达到成品住宅的要求,就有一个基本配置的问题,即按照相应基本配置内容进行空间设计,具备基本入住条件。在现行的住宅设计标准中,对套型设计要求上没有单独提出餐厅这一功能空间。随着经济的发展,餐厅逐渐成为居民生活需要的主要空间之一。在住房套型空间允许的情况下,应设计相对独立的餐厅。对面积较小的套型、公租房,宜在起居室中选择较少交通干扰、相对稳定的位置布置就餐区。

4.1.2 成品住宅空间中各界面的材质、规格、色彩等直接影响人体五觉感官(视觉、触觉、嗅觉、味觉、听觉),对人的心理、生理健康产生很大的影响,关系到业主的生活品质,如卧室若选用红色,会使人精神兴奋,不利于睡眠。因而成品住宅空间设计应遵循统一协调原则,保证空间的使用效果,宜采用中性或暖性色调。

4.1.3 随着生活水平的提高,住户使用的物品越来越多,对住宅收纳空间的要求也越来越高。收纳空间内部功能宜根据不同阶段的需求,按照详细施工图,工厂化生产,现场组装,达到按需调整的全寿命服务标准。

4.1.4 成品住宅对各类设备、设施及电器精确定位、安装,避免使用时容易产生建筑构造措施难以满足吊挂需要,缺少水电接口的情况,如安装电热水器、室内空调机、窗帘、吊柜、壁挂式电视等,相应的建筑部位缺少满足吊挂力需要的构造措施,难以满足安装需求,造成墙体破坏、设备设施或电器产品的损坏。本条强调在成品住宅设计时,应对容易产生安装和吊挂需求的相应产品进行定位,并通过建筑构造措施等,做好相应的预留、预埋。同时,需要在合理的位置设计机电点位。

4.1.5 低温辐射地板采暖盘管上部如果敷设地板龙骨,将会影响盘管散热,本条对其予以明确。另外,在地面饰面材料的选择上也要考虑盘管散热,宜采用地砖或复合木地板。

4.1.6 本条不强调洗衣机的设置位置,但强调设计中,应尽量将洗衣机位布置在排水立管附近,配有相应的排水口,并采取防水措施。同时,洗衣机的排水管安装、检查、维修及日常使用,需要一定的操作空间,设计中也要避免预留出现操作空间不足的情况。

4.2 起居室(厅)

4.2.2 入户门口是人回家第一空间,住户要解决站着更衣、坐着换鞋、梳妆,以及放置钥匙、雨伞、行李箱等一系列人性化生活习惯,因而必须有功能完善的收纳空间,以及遮挡室内外视线的功能。

4.2.3 套内前厅是搬运大型部品的必经之路,以及涉及适老性的问题,所以规定套内前厅净宽不宜小于1.20 m。

4.2.4 起居室(厅)全面吊顶对室内净高的影响较大,还会降低舒适度,且易出现开裂、变形等问题。

4.2.5 随着科技的发展,智能化不断用于住宅空间中,特别是照明设计,针对不同功能和场景,可以调节色温、照度,使灯光设计更人性化,如套内前厅设置地灯,是为方便夜晚回家而设置的辅助照明设施。地灯距地面0.20~0.30 m设置的作用,是进门后光线从暗到明转换的过渡照明,不至于引起眼部的突然不适,且不干扰已有的室内人员。感应开关的设置更具人性化。

4.2.6 设计文件应明确各界面材料的质量指标,如门窗套、阴阳角等部位的材料要求;面层的最终结果是要达到美观,如果图案拼接不好,将严重影响装饰效果,所以设计文件应明确图案或拼接要求。

材料的品种、性能、规格直接影响隔墙的质量,所以设计文件应明确相应的指标。因不同材质的物理膨胀系数不同,为避免出现开裂,不同材质交接处应有防开裂措施。

4.2.8 起居室(厅)的机电点位及各类控制末端较多,若位置不合理,则容易与家具产生交叉,造成使用不便,或降低使用效率等问题,如可视对讲、温控面板、开关插座等应该设置在易于操作的位置;同时,电视机对应的电源插座、电话、网络接口一般设置在低位,容易与电视柜等家具产生交叉,妨碍其使用,如果将上述接口设置在避开电视柜的高度,这样既能够操作便利,也能保证电视柜靠墙摆放。另外,起居室(厅)中的机电点位也需要与各类控制末端形状、材质、设置的位置、高度等整体协调考虑,与室内的装修设计保持一致和美观。根据市场调查,目前电视柜的高度一般为0.40~0.55 m,为了避让电视柜,使各用电点位方便使用,设计高度宜为0.60 m,壁挂电视插座设计高度宜为1.10 m。

4.2.9 由于电梯井道内产生的振动和噪声对住户有很大干扰,因此避免起居室(厅)紧邻电梯井道十分必要。当受条件限制,在起居室紧邻电梯井道布置时,应采取提高电梯隔墙隔声量的有效隔声技术措施。

4.3 卧 室

4.3.2 卧室主墙面考虑衣柜、床头柜、床等的布置,因此墙面直线长度不宜小于3.60 m。

4.3.3 卧室空调机送风直接对人吹送,容易引发疾病,因而不宜对床。

4.3.4 卧室采用双控开关更便于生活,同时提高生活品质,卧室床上方不应安装吊装灯具,因为悬挂的灯具会造成心理负担,不利于身心健康。且儿童在床上嬉闹时会造成意外伤害。

4.3.5 卧室是休憩空间,为保证空间的舒适性,地面宜采用柔性材料,可有效减少噪声对他人的干扰。

4.4 厨 房

4.4.1 整体橱柜由专业厂家制作,有成熟的工艺。整体橱柜较现场制作的橱柜,其功能更合理,用材更环保,形式更美观。采用整体橱柜是住宅装修产业化的重要内容。

4.4.2 结合公用专业、燃气与橱柜配套设计,尤其是燃气专业后期设计和安装,势必会造成吊顶、橱柜等的二次拆改,因此必须一次性设计到位。

4.4.3 厨房设吊顶是为了隐蔽管线,达到整洁、美观的要求。装修后地面面层至顶棚的净高不应低于 2.20 m。吊顶过低,油烟、蒸汽会使人造成不舒适感。装配式部品能够更好地解决使用中的拆卸清洁,且方便更换。

4.4.4 橱柜进深宜为 0.55 ~ 0.6 m,橱柜高度宜为 0.75 ~ 0.85 m,灶具单元宜局部低于橱柜台面 0.05 ~ 0.10 m,吊柜进深宜为 0.35 m,净高不宜小于 0.50 m,吊柜高度距离灶台面不宜低于 0.60 m。根据人体身高的差异,对橱柜尺寸进行人性化分类。

4.4.5 炉灶不应正对窗户开启扇设置,是为了防止室外突然来风吹灭炉火,造成燃气泄漏,产生安全隐患。排气道的进气口方向应与炉灶和抽油烟机位置一致,是为了便于油烟在最短的时间、最快的速度排出,以免对人体产生危害。

4.4.6 排油烟机排烟出路有两种:一种是通过外墙直接排至室外,一种是通过共用排气道排烟。通过共用排气道排烟容易造成各层互相串烟,应选用具有防倒灌措施的产品;通过外墙排至室外,会由于室外烟气倒灌,且烟气的排出对建筑外墙体可能产生不同程度的污染,因此应安装止逆接口、专用风帽等设施避免上述情况的发生。

4.4.7 厨房产生的油烟和蒸汽会在顶面集聚,因此宜采用防雾、防尘、防水的面光照明灯具。

4.4.8 随着我省居民生活水平的持续提高,厨房电器和设备的种类和数量上升趋势明显,本条明确了厨房常用的电冰箱、洗涤池、案台、灶具、抽油烟机等设备,在装修设计时应考虑其设置位置,并预留相应的电源插座。同时,建议除上述设备外,进行插座等机电点位的合理预留,以使成品住宅设计跟上厨房电器及设备发展的脚步,如过去传统插座0.30 m高,橱柜安装就使它丧失功能,如果厨房这部分插座和开关同高,不仅使墙面整齐,各类电器也方便使用。

4.4.9 厨房备餐和洗涤时水珠外溅,造成地面污染、湿滑,因此应选用防滑、易清洁的材料;地面标高宜低于厅室地面0 ~ 5 mm,门口宜采用斜坡过渡。厨房一般不设置地漏,过高的落差不适宜生活需要及达不到适老性要求。

4.4.11 开放式厨房的油烟易对室内空气品质造成较大影响,参考防火规范中通过设置挡烟设施划分防烟分区的做法,推荐在厨房与室内空间的交界处设置挡烟设施以减小油烟对室内的影响,本条予以明确。需要进一步说明的是,目前厨房抽油烟机出现了下排风的方式,也可通过选用该技术进行排烟。

4.5 卫生间

4.5.1 本条源自下列标准:《住宅设计规范》GB 50096,卫生器具及相应管线在初步设计阶段,就应做好选型定位,为建筑预留洞口及管线安装提供依据。

4.5.2 卫生间是污浊气体、有害气体聚集的场所,也是广大住户非常关注的问题。有效排除卫生间污浊气体、有害气体的措施,保障居住者身心健康,是成品住宅设计的关键,因此规定此条款。

4.5.3 根据《住宅设计规范》GB 50096 以及《人机工程学》,镜面宽度按 0.50 m 模数设计是根据玻璃生产的产品尺寸确定的模数,以减少浪费,淋浴间设计尽可能方正,过于狭窄时不便于居住者洗浴时手臂动作及弯腰动作,使人有局促感。

4.5.4 因卫生间洗浴产生水及蒸汽,直接会在地墙顶凝结,因而宜采用防雾、防尘、防水灯具。

4.5.6 卫生间洗浴会造成地面湿滑,因此地面应选用防滑、耐磨、易清洁的材料,防止人身意外伤害。门口内地面标高应低于厅室5 mm,门口宜采用倒角过渡,起到挡水线的作用,同时地面做 1% 坡坡向地漏。湿区应设置挡水线或回水槽,目的是有效组织卫生间废水有效排放。设置浴缸的卫生间,浴缸下地面标高应与厅室一致,这样能保证浴缸底部不积污水,不宜霉变。

4.6 阳 台

4.6.1 衣物的晾晒为基本生活需求,而阳台的通风、采光条件均优于其他部位,晾晒空间放置在阳台有较大优势。因而阳台具有洗晒功能。封闭式阳台可结合角落做收纳空间,条件允许的可以做茶室、花房等辅助生活空间。

4.6.2 阳台空间,属于室内外过渡空间,人们在阳台上可以进行各种活动,因此阳台地面装修材料需要满足防水、防滑、耐磨、易清洁的要求。开敞阳台地面应低于厅室 15 mm,门口宜采用倒角过渡,是为了防止雨水或阳台积水往室内倒灌。

4.6.6 本条规定了阳台设置洗衣机时的设计要求。洗衣机放置在阳台时,需要按照相关标准的规定设置上下水管线,地面安装洗衣机专用地漏,楼地面需要做防水措施。

4.7 套内楼梯和门窗

4.7.1 目前,成品楼梯相关的技术及产品系列已很成熟和多样,足够满足成品住宅的设计和使用需求。成品楼梯能够实现快捷、便利的设计和安装,同时是一种集约型的工业化产品,兼顾全装修住宅绿色、产业化建设,也应优先选用。

4.7.2 本条明确套内楼梯扶手设置的原则。在目前的装修设计中,经常出现楼梯扶手延伸至套内临空部位,却依然采用高度为0.90 m 的栏杆,难以满足防护要求,本条对室内栏杆的高度值予以强调。另外,套内一侧临空的栏杆和扶手,其力学性能要求很少被提及,一些工程中室内栏杆的安装和加固措施不到位,导致力学性能难以满足防护要求,容易对居住者的安全产生较大影响,本条对扶手、栏杆相应的设计荷载要求予以强调。

4.7.3 为保证套内人员行走在楼梯上的安全和舒适,对楼梯的扶手提出相应的设计要求。《住宅内用成品楼梯》JG/T 405 中有对于楼梯扶手的相关要求,设计中可以参考。

4.7.7 《住宅设计规范》GB 50096 中已经规定了户内门洞口的最低要求,但也仅是根据使用要求的最低标准结合普通材料构造提出的,并未考虑门板的材料过厚或其他特殊要求。本条的规定是考虑到市场上普遍的门套、门框安装后会占用 20～30 mm 厚度,双侧会占用的厚度最大为 60 mm,为了保证成品住宅完成后的净宽度能够顺利搬运大件部品等,预计各房间内门净宽应在门洞最小宽度的基础上减小 100 mm,因此,门板的厚度不应大于 40 mm,以满足净宽要求。

4.8 辅助空间

4.8.2 设于底层或靠外墙、靠卫生间的收纳空间相对封闭,极易返潮,造成物品霉变,因此应采取外防潮措施,若采用内防潮,则容易产生异味。

4.8.3 较大步入式衣帽间会因樟脑等防虫蛀药剂的使用,造成空气污染,因此需考虑通风要求。步入式衣帽间一般兼具一定的化妆功能,自然的采光能更好地还原色彩。

地面不宜铺设地毯,是因地毯容易滋生螨虫等,特别是无自然通风的步入式衣帽间。

5 共用部分

5.1 一般规定

5.1.1 本条对共用部分的墙面、地面和吊顶设计选材提出要求。通过对住宅住户的实际调研发现,目前部分住宅项目为了共用部分的装饰性和美观效果,而采用玻璃吊顶。但由于材料选择和构造措施的不当,易造成人身伤害事故。另外,吊顶选择重型的材料,构造措施往往难以满足安装和使用要求,存在安全隐患,故在此予以强调。

5.1.2 共用部分管线综合设计要结合设备位置、吊顶构造及后期扩展等因素综合考虑,此项十分重要。如果协调不到位,就容易造成净高不足、后期扩展开洞、安装等产生的安全隐患及管线混乱问题。

5.2 入口门厅、电梯厅

5.2.5 信报箱作为住宅的必备设施,其设置应满足每套住宅均有信报箱的基本要求。信报箱的设置位置既要方便投递、保证邮件安全,又要便于住户收取。智能信报箱需要连接电源,因此必须预留电源接口,避免给后期安装带来不便。

5.3 楼梯间、过厅及走廊

5.3.3 楼梯踏步装饰面层采用防滑材料,可以有效防止各类人员上下楼梯时出现羁绊与跌倒风险。设置防滑条、示警条时,也应注意采用不同颜色加以区别,可以防止由于视觉错误造成的羁绊与踏空风险。

5.3.4 本条是对《住宅设计规范》GB 50096 第 6.1.1 条防护设施的补充说明,设计时要注明满足水平推力 100 kN 的要求。

5.3.5 夹胶玻璃能够在遭到碰撞碎裂后依然保持整体性,为减少伤害,本条强调玻璃栏板的选材。

6 室内环境

6.0.1 人们越来越重视居住环境的舒适度,不仅注重套型内部的平面空间关系组合、硬件设施的配套,更注重住房的光环境、声环境、热环境和空气质量环境等综合条件带来的生活品质的提升,这些已越来越成为成品住宅设计的重点。

6.0.2 声环境质量直接关系到居民的生活、工作和休息。但隔声问题在当前住宅设计中还没引起足够的重视,是一个薄弱环节。隔声技术包括空气隔声和固体隔声两方面。住宅卧室、起居室(厅)内允许噪声级应符合表6.0.2的规定。

表6.0.2 室内允许噪声级的低限标准

房间名称	允许噪声级(A声级,dB)	
	昼 间	夜 间
卧室	≤45	≤37
起居室(厅)	≤45	≤45

为达到表6.0.2指标的要求,必须加强对门窗密闭性、墙体构造及楼地板等采取措施。长期以来,人们不重视对楼地面的固体传声采取措施,致使隔声效果差。本条提出了改善声环境的几种参考做法。

6.0.3 日照及天然光对人的生理、心理状态会产生强烈的影响。在住宅设计时最大限度地合理利用天然光源,符合低碳生活的理念。光环境涉及墙面及天棚的颜色,宜采用白色或暖色。为了达到国家节能减排的要求,室内照明应选用节能型灯具,并要合理控制,利用不同灯光效果,给居室营造丰富多彩的氛围。

6.0.4 热环境是直接关系人的舒适感的重要因素,河南省分体式空调仍是大多数家庭的首选,随着人们对舒适度的追求,目前市场上各具特色的供暖系统,可满足人们不同层次的需求。本条要求设置供暖设施时,宜采用先进的供暖技术,供暖设备的安装设计应与装修设计同步。

6.0.5 住宅室内污浊气体及有害气体的排放是广大住户非常关注的问题。迄今为止,有效排除厨房、卫生间污浊气体、有害气体的措施仍然不尽人意。高层住房竖向烟风道串烟、串气、串声的现象十分严重。住宅套内排气排污装置实际上是一个大系统,尽管装置是好的,但是由于排风管道或烟气道不畅,设备设施同样达不到功效。住房穿堂风、通风排气烟道和通风设施是保持空气净化、防止空气污染的有效措施。

针对目前雾霾日益严重的现状,宜增设新风系统,改善室内空气质量。新风机噪声指标不大于 40 dB。

7 建筑设备

7.1 一般规定

7.1.1 建筑设备设计应有建筑空间合理布局的整体观念。设计时由建筑、室内设计专业综合考虑建筑设备和管线的配置,并提供必要的空间条件,尤其是公共管道和设备、阀门等部件的设置空间和管理检修条件,以及强弱电竖井等。

需要建筑设计预留安装位置的户内机电设备有:供暖地板供暖时的分集水器、燃气热水器、分户设置的燃气供暖炉或制冷设备、户配电箱、家居配电箱等。

7.1.2 本条提出了应进行详细综合设计的主要部位和需进行综合布置的主要设施。

计量仪表的选择和安装的原则是安全可靠、便于读表、检修和减少扰民。需人工读数的仪表(如分户计量的水表、热计量表、电能表等)一般设置在户外。对设置在户内的仪表(如厨房燃气表、厨房卫生间等就近设置生活热水立管的热水表等)可考虑优先采用可靠的远传电子计量仪表,并注意其位置有利于保证安全,且不影响其他器具或家具布置及房价的整体美观。

7.1.3 公共的管道和设备、部件如设置在住宅套内,不仅占用套内空间的面积、影响套内空间的使用,住户装修时往往将管道等加以隐蔽,给维修和管理带来不便,且经常发生无法进入户内进行维修的实例,因此本条规定不应设置在住宅套内。

7.2 给水排水

7.2.1 水暖井内的水表前设置有控制阀门,但是水暖井一般都会上锁,只有物业管理人员才能自由出入。户内设置总控制阀门方便业主关停或打开户内供水。

7.2.2 不与厨房贴邻的卫生间,如采用厨房内的燃气热水器作为生活热水的热源,其热水供水管道过长,使用时需要放掉大量冷水才能出热水,造成水资源的浪费。

7.2.3 本条对两类太阳能热水系统储水罐的设置原则进行规定。同时,建议相应墙体应为壁挂式水箱的安装预留相应的技术条件,必要的时候应在相应的位置做好加固措施。

7.2.4 冷、热水管道安装应符合通常做法:"冷下热上,冷右热左"。

7.2.5 明露的冷、热水给水管容易产生散热严重以及结露等现象,从而影响吊顶内部部件的耐久性,本条强调应采取防结露措施。

7.2.6 卫生间同层排水技术能够实现检修和疏通管道时不影响下层住户。同层排水技术主要分为降板式和非降板式两种类型。其中,降板式同层排水是利用卫生间的结构楼板下沉(局部楼板下降)0.30 m 左右作为管道敷设空间。下沉楼板采用现浇混凝土并做防水层,按设计标高和坡度沿下层楼板敷设排水管道,并用水泥焦渣等轻质材料填实作为垫层,垫层上用水泥砂浆找平后再做防水层和层面。降板式同层排水存在管道漏水发现困难,检修需要挖开地面铺装等缺点。非降板式同层排水,卫生间污、废水排水横管应采用管线明敷方式,并应考虑遮蔽与维修;同时,宜采用侧排或后排式坐便器、淋浴托盘或浴缸;另外,还有墙排非降板式同层排水,一般在卫生间洁具后方砌一堵假墙,形成一定宽度的布置管道的专用空间,排水支管不穿越楼板在假墙内敷设、安装,在同一楼层内与排水主立管相连接。

7.2.7 厨房用水器具排水点距排水立管的水平距离不宜过长,否则容易产生堵塞、排水不畅等问题,其常用设计距离在 1.00 ~ 1.50 m 范围内较为合理。卫生间排水立管与坐便器应该统筹后进行排布和设置,以保证坐便器排水的通畅。

7.2.8 本条对厨房洗涤池、卫生间洗面器下部排水做法提出要求:排水件自带存水弯,与排水支管密封连接,排水支管上不得重复设置存水弯。存水弯能够有效地防止返臭,但重复设置会造成排水不畅;排水件与排水支管之间不密封连接就不能有效防止返臭。

7.2.9 本条明确洗衣机空间应配套设置洗衣机专用给排水接口,以避免采用普通地漏或排水接口产生的返流、返臭味等问题。洗衣机排水含有洗涤剂,不应排入雨水管道。

7.2.10 为杜绝屋面雨水从阳台溢出,阳台排水管系统应单独设置。阳台雨水排水量不大,可以排入阳台上已有的洗衣机等排水系统。单独设置的阳台雨水立管、阳台雨水地漏不可能经常及时接纳雨水,水封不能保证。为防止室外雨水管网内的臭气通过雨水管道扩散至阳台,阳台雨水立管底部应间接排水。

7.2.11 直饮水和软水至少应是整个住宅小区统一规划、集中生产、输送到户。户内安装的小型净水器产水率很低,而且废水直接排放,不能得到有效的利用。因此,这种形式的"分质供水"不宜提倡,它也不属于本规范分质供水设计的范畴。住宅小区内设置的中水处理站存在污泥处置困难、散发臭味污染环境、运行管理有一定难度以及规模太小、不经济等问题,现在提倡以市政污水处理厂为依托,在现有的二级生化处理的基础上增加后续处理工艺,建设大规模的市政"大中水",一般情况下本规范所讲的中水是指市政"大中水"。

7.3 供暖、通风及空调

7.3.1 供暖设计:

对于住宅内高度较高的片式散热器组,当供回水支管明装时,从美观方面考虑,其接管方式宜选用底进底出型接管方式,散热器供回水支管间的散热片连接处应安装挡水片。

低温辐射地板采暖系统的分集水器本身体量较大,所连接的地暖盘管较为集中,这都会占用一定的空间,它的操作、维护、修理等也需要一定的作业空间。采用集中供热方式时,依照与公共管井就近的原则,分集水器可置于每户出入口处;采用自供暖方式时,分集水器可置于阳台中,易于排布、操作和维护。

散热器及辐射供暖系统安装自动温度控制阀,可自主调节室温,不仅保持了舒适的室内温度,同时达到节能目的。

7.3.2 通风空调设计:

厨房、卫生间排烟、排风均采用水平直排至室外的方式时,应在保证立面美观的前提下分别定位建筑外墙开洞的位置。而根据户型设计,油烟机的排烟管、燃气热水器的排烟管、卫生间的排风管容易在顶棚产生干扰,一体化设计时应予以充分考虑,分别定位、整体设计。

厨房设置供厨房房间全面通风设施时,为避免安装位置与吊装橱柜及窗户的冲突,可在吊顶上部的外墙或结构梁上预留安装洞口,并要求在吊顶上开设不小于通风口面积的通风通道。

卫生间排风机吊装在吊顶内部,通过软管将进、排风口与风机进、出风口相连接,可减少排风机振动及噪声通过吊顶传递到室内。

燃气热水器、燃气壁挂炉为防止设备在使用时的冷凝水或雨水倒流到机器内部,在安装排烟管时稍向室外倾斜,水平排烟管向室外设置不小于1%的坡度。

设置住宅新风系统时,可根据室外空气品质、气象参数等因素,选择单向流型(负压型、正压型)、双向流型、热回收型等新风机组。

7.4 燃 气

7.4.1 本条主要强调一体化设计中燃气工程的设计应遵照的基本规范。

7.4.2 本条是对用气设备的选用和燃气压力的要求。目前国内的居民生活用燃具,如燃气灶、热水器、采暖器等都使用 5 kPa 以下的低压燃气,主要为了安全,即使中压进户(中压燃气进入厨房)也是通过调压器降至低压后再进入计量装置和燃具的。

7.4.3 ~ 7.4.4 部分内容为《城镇燃气设计规范》GB 50028 中的规定,对燃气表设置位置及与厨房家具之间的关系、安装条件、预留空间等提出要求。

7.4.5 ~ 7.4.8 是对软管连接燃具的长度以及管道的排布原则做出的规定。

7.4.9 燃具前的燃气支管末端的专用手动快速切断阀一般采用球阀,该阀门具有燃具用完后或较长时间不用时起关断燃气的作用,以防止无人看管时,连接软管脱落和燃具部位漏气。阀门处的燃气支管用管卡固定在墙上,以防止操作阀门时其连接处受力松动而漏气。

7.5 电气及智能化

7.5.1 家居配电箱、家居配线箱所对应的墙面在装修设计中比较难以处理。其对于空间较为集约的小套型,该墙面难以附加功能,一定程度上还影响墙面美观。本条对强、弱电箱排布位置提出解决办法。

7.5.2 卫生间等场所较为潮湿,选用灯具应安全。卫生间 0 区为澡盆或淋浴盆内部,1 区为围绕澡盆或淋浴盆外边缘的垂直面内,或距淋浴 0.6 m 的垂直面内,且其高度止于离地面 2.25 m 处。

7.5.4 成品住宅开关插座等设备均应精确定位,满足使用要求。卫生间 2 区为 1 区至离 1 区 0.6 m 的平行垂直面内,其高度止于离地面 2.25 m 处。

7.5.6 金属浴盆、洗脸盆包括金属搪瓷材料;建筑物钢筋网包括卫生间地面及墙内钢筋。装有淋浴或浴盆卫生间里的设施不需要进行等电位联结的有下列几种情况:

1 非金属物,如非金属浴盆、塑料管道等。

2 孤立金属物,如金属地漏、扶手、浴巾架、肥皂盒等。

3 非金属物与金属物,如固定管道为非金属管道(不包括铝塑管),与此管道连接的金属软管、金属存水弯等。

8 绿色建筑、装配式住宅及BIM技术

8.1 绿色建筑技术

8.1.1 鼓励项目执行《绿色建筑评价标准》GB/T 50378、《民用建筑绿色设计规范》JGJ/T 229 及《河南省绿色建筑评价标准》DBJ41/T 109 等相关标准,从节地与室外环境、节能与能源利用、节水与水资源利用、节材与材料资源利用、室内环境质量方面统筹考虑,并通过河南省或地市级绿色建筑方案设计阶段审查及绿色建筑施工图设计阶段审查。

8.1.2 鼓励将天然采光、自然通风、太阳能辐射和室内非供暖热源得热等各种被动式节能手段与建筑围护结构高效节能技术相结合建造舒适、低能耗的住宅建筑。

项目宜根据气候条件合理选择热压、风压通风。自然通风开口面积满足《民用建筑供暖通风与空气调节设计规范》GB 50736及《住宅设计规范》GB 50096 中的相关规定。

住宅建筑采光系数满足《建筑采光设计标准》GB 50033。卧室、起居室窗地面积比不小于1/6,采光有效进深不小于3.0。

室内设计不应出现遮挡房间采光或通风的固定构件。建筑设计宜对窗开口面积及开启方式进行优化,不宜采用推拉窗。

建筑外墙、屋顶、外窗、幕墙等围护结构主要部位的传热系数K、外窗/幕墙的遮阳系数SC宜优于国家现行相关建筑节能设计标准的要求。

在透明围护结构处设置遮阳设施可以有效降低辐射得热,从兼顾冬夏的角度考虑,遮阳应具有可调节能力,包括活动外遮阳、

中空玻璃夹层智能内遮阳、可调节内遮阳等。

8.1.3 为响应河南省住房和城乡建设厅关于印发《河南省建筑保温与结构一体化技术认定实施细则》的通知（豫建科〔2014〕30号）、《进一步做好推广应用建筑保温与结构一体化技术工作的通知》（郑建文〔2015〕78号）等文件要求,成品住宅鼓励应用保温与结构一体化技术。

建筑保温与结构一体化技术是集保温隔热与围护结构功能于一体,不需另行采取保温措施即可满足现行建筑节能标准要求的新型建筑结构体系。该技术具有结构保温和结构防火性能,可有效实现建筑保温与墙体同寿命。成品住宅宜采用经工程实践技术可行的保温与结构一体化技术设计,包括采用复合钢筋混凝土剪力墙(CL)结构体系、混凝土保温幕墙建筑体系、夹模喷涂混凝土夹芯剪力墙建筑结构技术、FS外模板现浇混凝土结构体系、非承重自保温加气混凝土砌块结构体系、现浇泡沫混凝土结构体系。

8.1.4 成品住宅设计鼓励采用通过认证的绿色建材,室内设计选用建材应满足《民用建筑工程室内环境污染控制规范》GB 50325的相关要求;鼓励采用可再利用材料和可再循环材料、以废弃物为原料生产的建筑材料等。

成品住宅宜采用太阳能、空气能等可再生能源,利用形式包括太阳能热水,光伏发电,空气源热泵等。应综合分析所采用的技术投资回收期及减少的碳排放,充分考虑利用可再生能源的合理性。

建筑工程项目严禁采用高耗能、污染超标及国家和河南省限制使用或淘汰的材料。目前国家主管部门发布了《关于发布墙体保温系统与墙体材料推广应用和限制、禁止使用技术的公告》（住房和城乡建设部公告第1338号）、《建设部关于发布建设事业"十一五"推广应用和限制禁止使用技术(第一批)的公告》（建设部公告第659号）等。

8.1.5 成品住宅室内设计采用整体化定型设计的厨房、卫浴间,可以减少现场作业等造成的材料浪费、粉尘和噪声等污染,有利于建筑产业化推广。整体化定型设计的厨房主要指整体橱柜,即将厨房部品、厨用电器、厨房管线等进行系统搭配,为住户提供清洗、加工、烹饪、储藏等多种功能为一体的综合服务空间。整体化定型设计的卫浴间,即整体卫浴间,采用防水底盘与壁板、顶板构成整体空间,配套各种功能洁具形成独立卫生单元,应为住户提供洗漱、沐浴、如厕等多种功能。整体橱柜及整体卫浴间在设计中应充分考虑人机工程学原理。

8.2　装配式住宅技术

8.2.1　成品住宅设计宜采用简约设计风格,是成品住宅设计的前提。更适合工厂规模化生产,现场装配。目前大多部品的模数与建筑模数并不匹配,如细木工板尺寸为 1 220 mm × 2.440 mm,建筑模数多为3M的倍数,这样所有细木工加工的一些部品如橱柜、衣柜会裁剩大量的边角料产生浪费,且无法重复利用,因此研发部品模数与建筑模数协调一致,显得尤为重要。

8.2.2　本条规定是为了使建筑制品、建筑构配件和组合件实现工业化大规模生产,使不同材料、不同形式和不同制造方法的建筑构配件、组合件符合模数,并具有较大的通用性和互换性,以加快设计速度,提高施工质量和效率,降低建筑成本而制定的。厨房、卫生间由于其特殊的功能性,被称为住房的“心脏”,是功能多、使用频繁的空间。厨房、卫生间设计的合理性直接影响到居民的生活质量,是体现住房卫生、安全、舒适的重要因素,也是体现居住文明程度的生活空间,所以在设计阶段就要予以定型定位,避免造成设计和装修相互脱节,尺寸不统一,安装位置各异的情况发生。厨卫设备与管线的布置在设计阶段定型定位之后,便于橱柜、洗面柜等产业化生产,管线的工厂化生产与量裁,减少现场安装工程量,节省建造时间。

8.2.3 提高互换性和通用性,满足全寿命期住宅体系的不同阶段的需求,如更换部分损坏部件,或内部使用模式的调整。

8.3 BIM 技术

8.3.1 应用 3D 可视化设计,可实现性能模拟分析、便于成本控制,提前优化设计,减少设计变更及工程签证,明晰工程造价,提高建筑性能和设计质量,实现建筑设计阶段的模拟竣工,以及建筑全寿命期内信息模型数据共享。

8.3.2 企业根据自身的发展战略和信息化技术发展需要选择应用软件,企业宜选择当前行业或专业主流的应用软件。应用软件的选择应特别注意相关软件间文件格式的兼容性,应满足 BIM 项目各相关参与方的数据共享管理。

8.3.3 模型深度,即模型的精细程度,BIM 实施中模型的精细程度根据设计需求应能完整表达设计内容。

8.3.4 BIM 成果交付后,主要的信息都包含在信息模型中,但还会存在从信息模型中导出的相应的二维平面图纸、表格、文档等其他内容。所以,要求与建筑信息模型相关的各信息应保证一致性。

BIM 模型交付主要是电子文件,需要按照《中华人民共和国电子签名法》的要求采用电子签名。

8.3.5 BIM 应用单位应当对交付模型的质量负责,交付前做必要的质量检查和验证。质量验证结果包括规范验证、设计审查、功能空间确认、功能仿真分析验证、性能仿真分析验证和碰撞检查等质量证明文件的一项或多项。质量验证报告宜存档备查。